Bibliografische Information der Deutschen Nationalbibliothek:

Die Deutsche Bibliothek verzeichnet diese Publikation in der Deutschen National-
bibliografie; detaillierte bibliografische Daten sind im Internet über http://dnb.d-
nb.de/ abrufbar.

Impressum:

Copyright © 2016 GRIN Verlag
Druck und Bindung: Books on Demand GmbH, Norderstedt Germany
ISBN: 9783668613614

Dieses Buch bei GRIN:

https://www.grin.com/document/386183

Erik Schittko

Verkarstung als geomorphologischer Prozess

Karstlandschaften in Deutschland und Europa und deren Genese

GRIN Verlag

Friedrich – Schiller – Universität Jena

Institut für Geographie

WiSe 2016/17

Hausarbeit

Verkarstung als geomorphologischer Prozess

-

Karstlandschaften in Deutschland und Europa und deren Genese

vorgelegt von:

Erik Schittko

27.10.2016

Inhaltsverzeichnis

1 Einleitung

Weltweiten lassen sich Karstgebiete als Teil der vorherrschenden Landschaft beobachten. Aufgrund ihrer spannenden und beeindruckenden Erscheinungsformen prägen sie die Landschaft auf einzigartige Weise. Auch in Deutschland kann man Karst in zahlreichen Ausprägungsformen vorfinden. Ziel dieser Arbeit soll es sein, die Ausprägungen der Karstformen genauer zu betrachten. Dabei möchten wir die Hintergründe der Verkarstung verdeutlichen und Bezug dazu nehmen, wie diese die Erscheinungsformen des Karsts geprägt haben. Ein besonderes Augenmerk gilt den Karstgebieten Deutschlands, speziell der Schwäbischen Alb anhand deren wir einige Formen des Karst genauer betrachten möchten.

2 Das Karstphänomen - Von der Landschaft zum Prozess

Auf der Suche nach einer konkreten Begriffserklärung von „Karst" wird eine multifunktionelle Deutbarkeit und Aussagekraft ersichtlich.

So bildete dieser ursprünglich die Regionsbezeichnung für das italienisch- slowenische Grenzgebiet im nordöstlichen Hinterland von Triest und leitet sich vom Begriff „Kras" oder im italienischen „Il Carso" ab und bedeutet so viel wie steiniger Boden (PLAN 2007:1).

In diesem Kontext steht nach LESER (2009:312) insbesondere die Bezeichnung als Gebirgsname einer boden- und vegetationsarme Kalksteinlandschaft im Vordergrund.

Eine weitere Entwicklung erfuhr der Begriff Karst durch den serbischen Geographen Jovan Cvijic´, welcher diesem vor allem zum globalen Export und erster wissenschaftlicher Niederschrift im Jahre 1893 verhalf (PLAN 2007:1).

Die Verbreitungskurve bildet eine fachliche, gebietsübergreifende Bezeichnungsanalogie, d.h., dass die besonderen Ausprägungen dieser slowenischen Landschaft zuerst in Mitteleuropa wiedererkannt und schlussendlich auf die Kalkgebirge der gesamten Erde übertragen werden konnten (LESER 2009:312).

Signifikante Merkmale dieser Landschaftsform zeichnen sich in den Bereichen der Hydrodynamik, Verwitterung und Abtragung des Reliefs, als Folge des verbreiteten oberflächennahen oder oberflächigen Auftretens relativ leicht löslicher Gesteine, ab (DABER & HAUBOLD 1989:200).

Somit können wir nun den Begriff ausgehend von einer geographisch gebundenen Landschaftsbezeichnung im Westen Sloweniens, um die Dimension eines geomorphologischen Landschaftstyps erweitern, wie LESER (2009:312), folglich beschreibt.

Hierbei ist schnell zu erkennen, dass sich die Karstformen am häufigsten auf Kalken, insbesondere dem Kalkstein und Dolomit entwickeln (AHNERT 2003:332).

Jedoch treten Karsterscheinungen nach ZEPP (2014:239) auch in den selteneren Gipsgesteinen auf. DABER & HAUBOLD (1989:200) untermauern diese These wie folgt: „ In Gipsen und Steinsalzen treten analoge Erscheinungen auf, zur Abgrenzung gegen den Karst, im eigentlichen Sinne (Kalk-Karst) wird hier zum Teil der Begriff Salz-Karst benutzt".

Die dritte Begriffsdimension resultiert aus der Frage wie diese „besonderen" Erscheinungen denn überhaupt zustande kommen und wird mit einem geomorphologischen Prozess beantwortet. Dem Prozess der „Verkarstung" (PLAN 2007:9).

Dieser ist charakterisiert durch Lösungsverwitterung - und abfuhr (AHNERT 2003:332), aufgrund einwirkender morphodynamischer Kräfte (BAUMHAUER 2013:7).

Diese chemikalisch - physikalischen Lösungsprozesse können sowohl an der Erdoberfläche, sowie auch im Gesteinsgrund stattfinden, sodass sich die Einteilungsmöglichkeit der Karsterscheinungen in Oberflächen- oder Tiefenkarst ergeben.

3 Der chemische Verkarstungsprozess

Die grundlegenden Bedingungen der Verkarstung stellen nach LESER (2009:312-313) die Reinheit und Lösungsfähigkeit des Gesteins, sowie die Wasserwegsamkeit (Wasserdurchlässigkeit) dar. Somit stehen zwei Reaktionsmedien im Vordergrund der Betrachtung, das spezifische Gestein und das darauf einwirkende Wasser.

Die wichtigsten verkarstungsfähigen Gesteine sind, wie im Punkt 1 schon erwähnt, Karbonatgesteine.

Zu ihnen gehören alle Sedimente, deren Gehalt an karbonatischen Mineralien über 50% beträgt (DABER & HAUBOLD 1989:69).

3.1 Korrosion

Die Lösung des Kalksteins durch CO_2 –haltiges Wasser wird als Korrosion bezeichnet. Weiterführend steigt die Fähigkeit des Wassers zur Korrosion mit dessen CO_2 - Gehalt an. Die beeinflussenden Grundfaktoren bei dieser Reaktion ergeben sich aus dem Partialdruck des Kohlenstoffdioxides in der Luft (P_t), sowie der temperaturabhängige Austauschfaktor (L).

Das im Wasser gelöste Kohlenstoffdioxid verbindet sich im Wasser zu Kohlensäure:

$$CO_2 + H_2O \rightarrow H_2CO_3$$

(ZEPP 2014:241-242)

Diese Kohlensäure trifft nun auf den Kalkstein. Dieser ist jedoch nur bedingt wasserlöslich, da es nach LESER (2009:313), für eine optimal ablaufende Lösung, mindestens 60% löslicher Gesteinsbestandteile bedarf.

Durch die Reaktion von Kalzit (Kalziumkarbonat $=CaCO_3$) mit der einwirkenden Kohlensäure, erfolgt eine Umwandlung zu gut wasserlöslichem Kalzium-Hydrogencarbonat:

$$CaCO_3 + H_2CO_3 \rightarrow Ca(HCO_3)_2$$

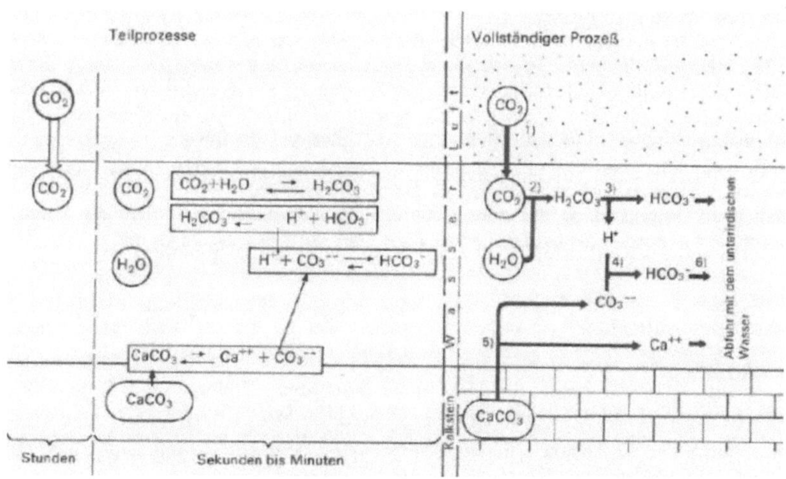

Abb.1: Kohlensäureverwitterung, (HENDEL. & LIEDTKE 2002: 164)

Diese Reaktion bildet den chemischen Hintergrund für alle Karsterscheinungen.

Jedoch ergibt sich eine Heterogenität in der Ausprägung dieser durch die erwähnten Schwankenden Grundfaktoren. Zum einen beeinflusst der Partialdruck der Luft die Bodenlösung, Wassertemperatur und pflanzliche beziehungsweise mikrobiologische Aktivität (BAUMHAUER 2013:94).

Eine Erklärung dafür liefert HOLLEMANN (2007:205-207) über das

Le Chatelier – Prinzip, auch das Prinzip der kleinsten Zwanges genannt.

Infolge dessen kommt es beim Anstieg des CO_2 – Partialdrucks der Luft zu erhöhter Konzentration von Kohlendioxid im Wasser, somit einer größeren Menge an gebildeter Kohlensäure und schlussendlich zu einem stärkeren Verwitterungsprozess des Kalksteins. Zum anderen wird die höhere CO_2 - Bindung im Lösungsmittel Wasser durch einen Temperaturabnahme in selbigem Reaktionsmedium erzeugt. Es rückt also der temperaturabhängige Austauschfaktor (L) in das Betrachtungsfeld.

Ursache für die Temperaturabnahme ist der energetische Charakter der Verwitterung. Dieser wird durch eine exotherme Hinreaktion gekennzeichnet.

Je wärmer das Wasser, desto weiter verschiebt sich das Gesamtgleichgewicht der Reaktion auf die linke Seite, das heißt, auf die Seite der Reaktionsedukte. Wir gehen hierbei also von einer Redoxreaktion aus.

$$CO_2 \; + H_2O \; \rightarrow \; H_2CO_3 \; = \text{exotherme Reaktion}$$

Deshalb ist mehr Kohlenstoffdioxid als Kohlensäure im Wasser vorhanden

(HOLLEMANN 2007:205-207). In entgegengesetzter Richtung könnte allerdings auch bei einem Anstieg der Wassertemperatur oder Abnahme des Partialdrucks eine Kalkausfällung auftreten. Der Anteil des Kohlenstoffdioxides im Wasser wird hierbei minimiert.

3.2 Mischkorrosion

Diese Sonderform der Korrosion tritt im Karstwassersystem bei Zusammenfließen und anschließender Vermischung zweier Karstwässer auf, welche unterschiedliche Temperatur- (LESER 2009:313) und Kalkwerte besitzen (ZEPP 2014:241).

Dabei sprechen wir von Karstwasser als „Niederschlagswasser, das nach unterirdischer Laufstrecke zeitverzögert auch an der Erdoberfläche austreten kann" (LESER 2009:316).

Enthält das somit entstehende Karstwassergemisch einen überschüssigen Kohlendioxidgehalt, sprechen sowohl ZEPP (2014:241) als auch LESER (2009:313) von einem kalkaggressiven Mischwasser. Es herrscht hier also eine ungesättigte Lösung vor, welcher noch ungebundene Kohlensäure zur Bindung von Kalziumhydrogencarbonat zur Verfügung steht. Somit herrscht eine gewisse Reaktionsfreudigkeit hinsichtlich der überschüssigen Kohlensäure vor. Diese steht dem Kalkgestein im Reaktionssinne „aggressiv" gegenüber steht. Die Folgen zeichnen sich durch zusätzliche Korrosionserscheinungen ab.

Das Äquivalent zu diesem Zustand wird durch eine Kalkübersättigung in Abb.2 beschrieben. Hierbei ist der Kohlensäureanteil geringer als der Kalkanteil und die Reaktion verläuft von schleppend bis stagnierend (BRUNOTTE et. al. 2001:343). Zwischen diesen beiden Extrembereichen liegt der gesättigte Zustand, in welchem demzufolge eine Ausgewogenheit zwischen Kohlensäure und vorhandenem Kalk herrscht.

3.3 Sinterbildung

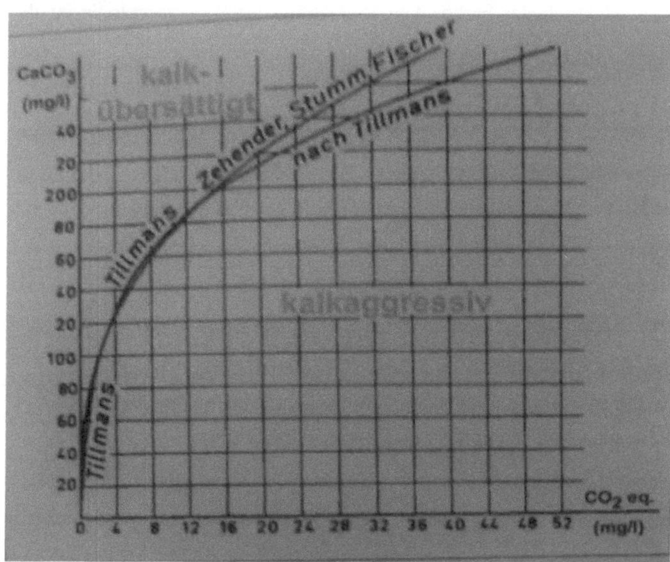

Abb. 2: Sättigungskurve,(ZEPP 2009:241)

Den umgekehrten Prozess dieser Reaktion bezeichnet man als Sinterbildung.

Dieser ist geprägt durch eine Kalkabsonderung (LESER 2009:313).

Wie im obigen Punkt 2.3 beschrieben, ist der Charakter der Kohlensäure-verwitterung auf die permanente Neubildung einer ungesättigten Lösung zurückzuführen, damit diese den Kalk auflösen kann. Jedoch kommt es bei plötzlicher Verminderung der CO_2 _ Konzentration zur Ausfällung.

Die chemische Rückreaktion erfolgt dabei entsprechend der Hinreaktion:

$$Ca\,(HCO_3)_2 \rightarrow Ca + CO_2 + H_2O$$

Als Reaktionsprodukte entstehen dabei wieder die Ausgangsstoffe Kalk, Kohlendioxid und Wasser (BRUNOTTE et. al 2001:343).

4 Die Karsthydrologie

Der wichtigste Begriff hinsichtlich der praktischen Bedeutung der Karsthydrologie ist die Wasserwegsamkeit. ZEPP (2014:239) beschreibt die Wasserwegsamkeit als eine Notwendigkeit für den unterirdischen Abfluss des Wassers und die Tiefensickerung.

Fortführend lässt sich dadurch erklären, warum Karstgebiete immer über das allgemeine Niveau des Grundwasserspiegels herausgehoben sind.

Die dabei auftretenden Klüfte, Risse und Spalten ermöglichen einen Abfluss des Wassers durch das Gestein in den unterirdischen Bereich. Da das aufkommende Niederschlagswasser, bei entsprechenden Voraussetzungen sofort in den Untergrund zum Grundwasser absickert (unterirdischer Abfluss), sucht man in Karstregionen oberflächliche Abflüsse vergebens (LESER 2009:312). Das Niederschlagswasser versickert direkt in Klüften der auf den Deckschichten der Karstoberflächen aufliegenden Deckschichten und wird an bestimmten Karstformen unterirdisch abgeführt. Unterhalb der Erdoberfläche bewegt sich das Wasser innerhalb von sogenannten Karstwasserleitern, welche wie ein Röhrensystem wirken. Dabei sei zu erwähnen, dass sich das Wasser einer einzigen Einsickerungsstelle auf mehrere unterirdische Systeme verteilen kann (PFEFFER 1990:4).In der Untersuchung der Abflussvorgänge im Karst treten die Begriffe der phreatischen- und vadosen Zonen auf.

In der phreatischen Zone entwickeln sich Karste innerhalb unterirdischer Regionen (Höhlen) und unterhalb der Wasseroberfläche. Somit umfasst dieser Bereich nach PFEFFER (1990:4) alle ständig durch karstwassererfüllten Hohlräume unterhalb des niedrigsten Standes der Karstwasseroberfläche.

Der Bereich der vadosen Zone liegt hingegen über der Wasseroberfläche (GOUDI 2007:349) und bezeichnet den Bereich des luft- oder sickerwassererfüllten Teils der Karstwasserleiter zwischen der Landoberfläche

und dem höchsten Stand der Karstwasseroberfläche.

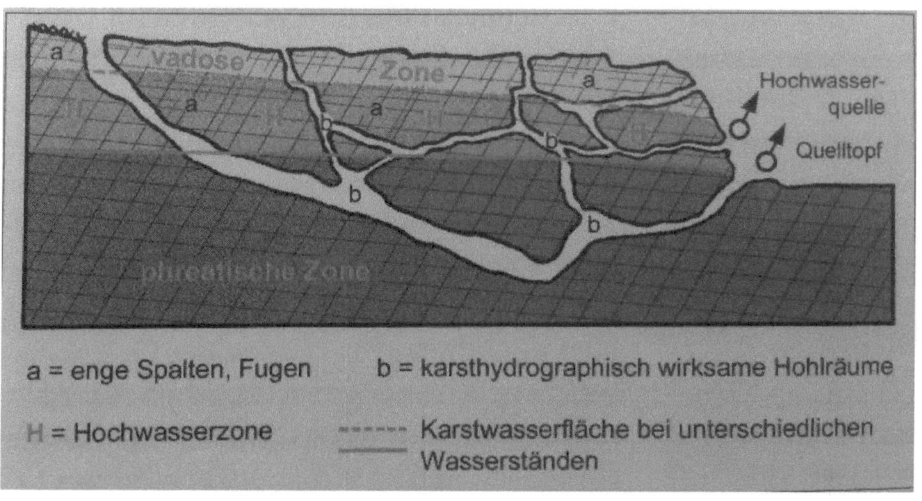

Abb. 3: Karsthydrologie, (PFEFFER 1990:4)

5 Karstformen und deren Genese

Zunächst einmal werden die Erscheinungsformen des Karsts in oberirdische und unterirdische Formen gegliedert. Der unterirdische Karst betrachtet alle Karsterscheinungen welche unter der Erdoberfläche zu finden sind, oftmals im Zusammenhang mit Karsthöhlen. Oberirdischer Karst lässt sich in weitere Teilformen untergliedern, den bedeckten, nackten und überdeckten Karst. Als weitere Unterscheidungsform dient die Einteilung in Nano-, Meso- oder

Mikrorelief, je nach der räumlichen Ausdehnung oder die Unterscheidung zwischen Hohlformen und Vollformen.

5.1 Oberirdischer Karst

Die Erscheinung des oberirdischen Karsts wird in 3 Kategorien gegliedert. Bei unbedecktem, auch genannt nacktem, Karst steht das verkarstete Gestein an der Oberfläche an. Bei Karstprozessen welche in der Tiefe unter einer Sedimentschicht wie in der schwäbischen Alb, unter unlöslichen Verwitterungsrückständen oder einer Bodendecke stattfinden spricht LESER (2009:315) von bedecktem Karst. Wurden die verkarsteten Flächen nachträglich von einer nicht verkarstungsfähigen Sedimentschicht überzogen spricht man von bedecktem Karst (ZEPP 2011:245-246).

5.1.1 Trockentäler

Durch die Tiefenerosion ehemaliger Bach- oder Flussbetten entstandene lineare Hohlformen nennt man Trockentäler. In Deutschland findet man sie laut Leser (2009:324) "auf den Hochflächen der Schwäbischen Alb" und dem Dinkelberg in Baden-Württemberg. Ihrer Entstehung können mehrere Ursachen zu Grunde liegen. Einerseits die fortschreitende Verkarstung selbst, da durch das Sickerwasser die Poren des Gesteins vergrößert werden und so immer mehr Wasser infiltriert anstatt oberflächlich abzufließen. Wenn das Gestein bereits durchlässig ist und das Gerinne auf dem Grundwasserkissen fließt, wird das Gerinnebett vertieft und damit gleichzeitig der Grundwasserspiegel. Sinkt dieser unter die Höhenlage der Zuflussgerinne, so fallen diese trocken. Im Pleistozän sorgte der, in einigen Teilen der Erde vorkommende, Permafrostboden für eine Wasserundurchlässigkeit, was zu viel Oberflächenabfluss führte. Nachdem der Boden auftaute konnte das Wasser dort wo der Flussbett aus durchlässigem Material bestand einsickern und der Fluss fiel trocken. Trockentäler lassen sich also auf vergangene Phasen zurückführen in denen das Untergrundmaterial von einer geringen Durchlässigkeit geprägt war (AHNERT 1996:312).

5.1.2 Karren

Karren, in den nördlichen Kalkalpen auch Schratten genannt, sind „Kleinformen im Zentimeter- bis Meterbereich, die durch Lösung an der Gesteinsoberfläche entstehen" (AHNERT 1996:313). Aufgrund unterschiedlicher Grundlagen, wie der Struktur des Gesteins oder die Neigung der Oberfläche bilden sich verschiedene Karrenformen heraus.

Wenn sich aufgrund kleiner Vertiefungen im Gestein das Regenwasser sammelt und so das anstehende Gestein löst bilden sich allmählich Lochkarren heraus. Sie können sich jedoch auch unter einer Bodendecke entwickeln, wobei die Herausbildung noch intensiver ausfällt und sich verbindende Hohlräume entstehen. Rillenkarren sind ein typisches Merkmal für entblößte, geneigte und kluftfreie Gesteinsflächen. Ablaufendes Regenwasser übt eine Lösungstätigkeit auf das Gestein aus, wodurch sich kleine Rillen in diesem bilden. Diese verlaufen parallel zueinander in Gefällerichtung und sind einige Zentimeter breit. Die Tiefe ist abhängig von der Löslichkeit des Gesteins und der Abflussmenge und Häufigkeit des Wassers (AHNERT 1996:313). LESER (2009:319) unterscheidet noch in Rinnenkarren, die in ihrer Ausprägung größer und unregelmäßiger daher kommen. Kluftkarren sind an die, das Kalkstein durchziehenden, Klüfte gebunden. Deren Ausprägungsformen und –richtungen bestimmen die Karren. Aufgrund des einfließenden Wassers erfolgt die Lösung hauptsächlich an den Kluftinnenseiten, was dazu führt das sich kleinste Risse zu großen Spalten entwickeln können. Die Tiefenausprägung erreicht in der Regel mehrere Meter. Auf Felswänden zwischen zwei Klüften bilden sich Rinnenkarren in Richtung der Abdachung. Benachbarte Klüfte, welche sich durch ihre fortschreitende Ausprägung verbinden werden Karstgassen genannt (LESER 2009:319).

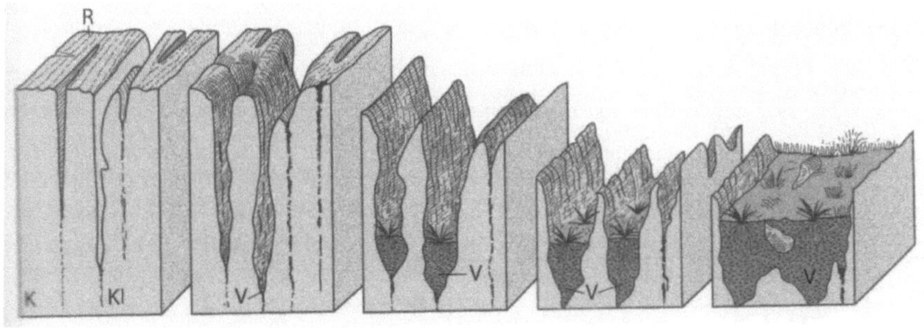

Abb. 4: Entwicklung von Kluftkarren, (LESER 2009:319)

Kluftkarren welche bereits mit Bodenmaterial verfüllt sind können sich dennoch weiter entwickeln, falls das Füllmaterial ausreichend wasserdurchlässig ist. Man nennt sie dann Karstschlotten. Sie kommen verstärkt an Kluftkreuzungen vor, da dort die Lösungstätigkeit am größten ist. Dabei weisen sie eine sternförmige bis rundliche Öffnung auf. Serien von dicht nebeneinander liegenden Karstschlotten nennt man Orgeln (AHNERT 1996:313).

5.1.3 Dolinen

Dolinen stellen das häufigste Merkmal von Karstlandschaften dar. Die Trichter- oder schüsselförmig, rundlich bis elliptischen geschlossenen Hohlformen haben einen Durchmesser von Metern bis Kilometern und eine Tiefe von wenigen Metern bis mehreren 100 Metern. „Die manchmal mäßig geböschten, manchmal ziemlich steilen Hänge, die zum Dolinengrunde hinab führen, sind gewöhnlich von Kluftkarren, oft auch von Rinnenkarren bedeckt" (LOUIS 1959:146). Untersuchungen von Gebieten mit vielen Dolinen haben gezeigt, dass diese besonders häufig an Schnittstellen zweier oder mehrerer Klüfte zu finden sind. Der Boden der kesselförmigen Formationen besteht aus einer flachen Aufschüttungsschicht, die den felsigen Untergrund bedeckt. Diese Aufschüttung kann aus unlöslichen Bodenpartikeln bestehen welche durch Wasser angeschwemmt wurden oder aus antransportiertem Material einstiger Deckschichten. Offene Klüfte oder Karstschlote die etwaiges Niederschlags- oder Schmelzwasser am Grund des Trichters abwärts führen sind an jeder Doline zu finden. Dolinen welche durch die Lösung des Kalkgesteins entstanden sind werden nach dem Vorschlag von Cvijić Lösungsdolinen genannt. Durch die oberflächliche Lösung des Kalksteins und den anschließenden Abtransport des gelösten Gesteins durch Klüfte oder Schlote bildet sich allmählich die Doline heraus (LOUIS 1959:146). Dolinen welche so dicht aneinander liegen, dass daraus eine Hohlform länglicher Ausprägung wird nennt man sie Uvala. Diese sind gewöhnlich von mehreren tiefen Stellen geprägt. Besonders große Uvalas werden Karstwannen genannt und finden ihren Ursprung in Lösungsdolinen genauso wie in Einsturzdolinen.

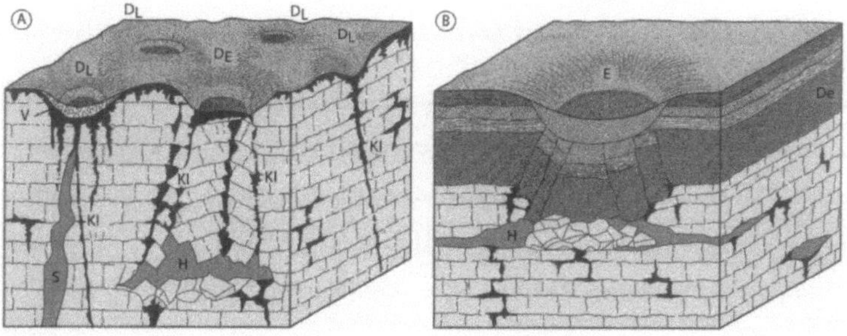

Abb. 5: Dolinen (A) und Einsturzdolinen (B), (LESER 2009:321)

5.1.4 Poljen

In verkarsteten Gebirgen finden sich weltweit geschlossene Becken die unterirdisch entwässert werden. Die Böden dieser Becken sind eben und von Schwemmböden bedeckt. Sie bilden häufig das Bett von Seen oder Flüssen. Cvijić führte, in Anlehnung an ihre Nutzung im dinarischen Karst, den Begriff Poljen ein, was serbokroatisch Feld bedeutet ein. Die Größen dieser Karsterscheinungen variieren von wenigen Quadratkilometern bis hin zu über 100km². Als bevorzugten Enstehungsort von Poljen nennt PFEFFER (2010:245-246) Karstregionen mit gefalteten oder tektonisch beanspruchten Untergründen. In Gebieten mit „wenig komplizierten Faltengebirgen wie dem Dinarischen Gebirge oder dem Schweizer Faltenjura sind die Poljen gewöhnlich Synklinalbecken, d.h. Einmuldungen des Faltenbaus in denen die Löslichkeit des Kalksteins die frühzeitige Entwicklung unterirdischer Entwässerungsbahnen förderte, so dass oberirdische Entwässerung unterblieb" (AHNERT 1996:317-318).

5.1.5 Karstwannen

PFEFFER (2010:208) definiert Karstwannen sind Senken ohne einen oberflächlichen Abfluss, die einen ebenen Boden besitzen welcher von Dolinen durchzogen ist. Ihre Ausbreitung beträgt mehrere Quadratkilometer. Hauptsächlich wird der Begriff Karstwanne in den verkarsteten deutschen Mittelgebirgen verwendet, man trifft sie viel in der fränkischen und schwäbischen Alb an. Aufgrund großflächiger Lösungen im Flächenniveau zu Beginn des Karstprozesses kam es zu einer Vertiefung des Tales, welche dann punktuell durch die Dolinenbildung abgelöst wurde (PFEFFER 2010:208-212).

5.1.6 Vollformenkarst

„Vollformenkarstgebiete sind auf Gebiete mit sehr reine Karbonatgesteinen der Tropen, Randtropen und sommerheißen Gebiete Monsunasiens beschränkt" (PFEFFER 2010:214) In der deutschen Literatur wird er oft auch als Kegelkarst bezeichnet. Die Häufung der als Kuppen auftretenden Vollformen kann stark variieren. „Die Hohlformen zwischen den Kuppen sind sternförmig und unregelmäßig mit nach innen gebogenen Begrenzungslinien ausgebildet" (PFEFFER 2010:220).

5.2 Unterirdischer Karst - Karsthöhlen

Unter der Erdoberfläche findet ein großer Teil der Lösungsverwitterung des Kalkes statt. Da es in Karstregionen keinen oberirdischen Abfluss gibt wirkt das gesamte Niederschlags- und Schmelzwasser auf die Gesteine im Boden ein. Klüfte und Schichtfugen im Gestein sind die bevorzugten Wege des Wassers und werden nach AHNERT (1996:322) durch Lösung zu Hohlräumen erweitert. Laut LESER (2009:325) stehen unterirdische Karstformen zum Teil in einer Wechselbeziehung zu den oberirdischen wie Einsturzdolinen oder Erdfällen, sie setzen eine Höhle voraus.

Ein typisches Erscheinungsbild von Kalksteinen ist es, dass die darin verlaufenden Klüfte oftmals nahezu senkrecht zur Schichtung und rechtwinklig zueinander verlaufen. Schnittstellen von Klüften welche viel Wasser führen weisen eine höhere Lösungsintensität und einen größeren mechanischen Abtrag auf. Beide Prozesse in ihrem Zusammenwirken fasst man unter Eforation zusammen und sorgen dafür, dass es zur Ausbildung großer Kammern kommt. Diese, von LESER (2009:325) als Klufthöhlen beschriebenen, Systeme können eine Ausprägung von mehr als 100 km besitzen (AHNERT 1996:322). Liegen die Höhlen im Grundwasserniveau, erfolgt ihre Ausweitung aufgrund von Höhlenflüssen. Liegt die durchflossene Fuge in gleichartigem, geschichtetem Gestein so spricht man von Schichtfugenhöhlen. "Schichtgrenzenhöhlen entstehen zwischen verschiedenartigen Gesteinen, wenn also die Ausweitung entlang einer Schichtgrenze zwischen liegender, undurchlässiger Schicht und hangender Schicht lösungsfähigen Gesteins erfolgt" (LESER 2009:325). Dabei ist laut Ahnert (1996:323) besonders die Tiefenzone oberhalb der des langzeitlichen Grundwasserniveaus von der Lösungstätigkeit betroffen. In ihr sammelt sich das frische Regenwasser mit seinem hohen Kohlendioxid Anteil und der damit verbundenen höheren Lösungstätigkeit (AHNERT (1996:323).

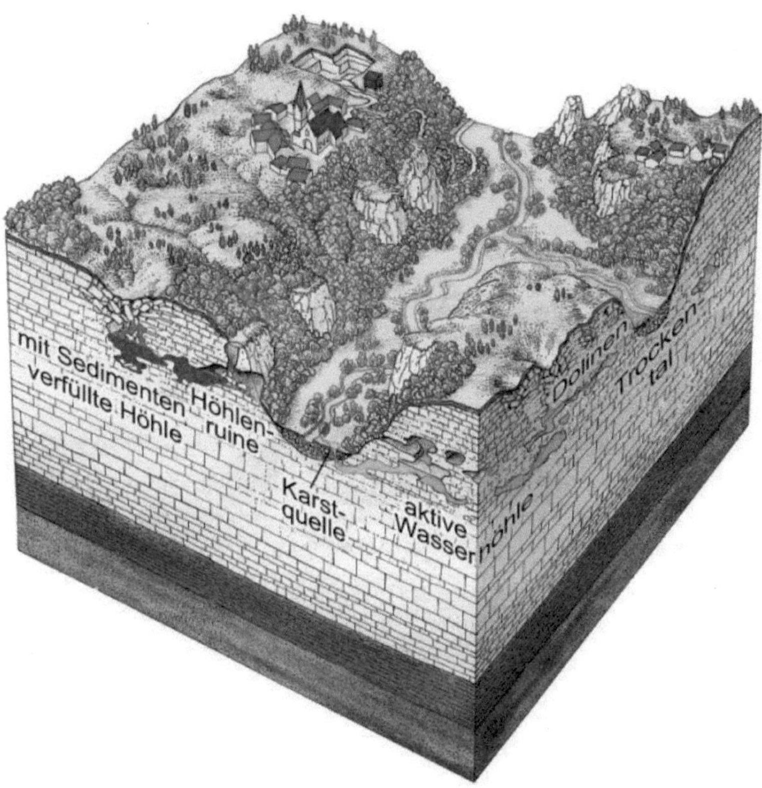

Abb. 6: Karsthöhlen, (Bayerisches Landesamt für Umwelt)

6 Die Karstregionen Deutschlands

In Deutschland sind Karstlandschaften in der Schwäbischen und Fränkischen Alp, an der Ostseite des Schwarzwalds, von der Rhön bis an den Odenwald, im Teutoburger Wald, im Weser-bergland, in Teilen des Harzes sowie nordwestlich und südöstliche des Thüringer Beckens zu finden.

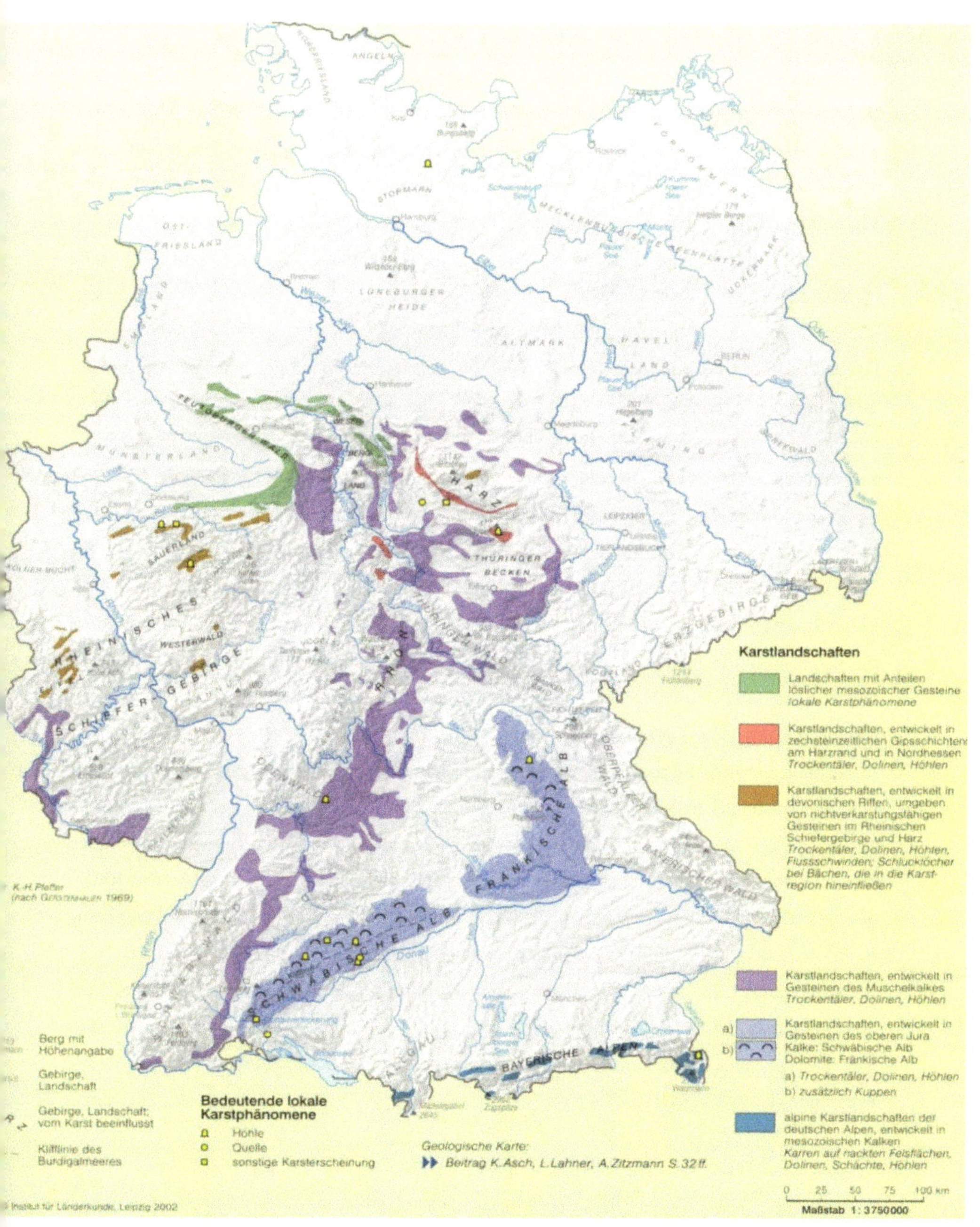

Abb. 7: Verkarstungsfähiges Gestein in Deutschland (PFEFFER 2003:95)

6.1 Das Karstgebiet der Schwäbischen Alb

Die Karstgebiete der Schwäbischen- und Fränkischen Alp bilden, wie in der Abbildung 4 ersichtlich, die größten zusammenhängenden Karstregionen in Deutschland. Der Schwäbische Alb wohnt hierbei im Besonderen ein einzigartiger Charakter inne, der auf die Schönheit und Vielfalt der ausgeprägten Karstformen zurückzuführen ist (PFEFFER 1990:24).

Dieser wird durch eine frühe Beschreibung von Johannes Nauclerus (16.Jhd.): „Die Oberfläche dieser Alb ist fast eben, schneereich, felsig und kalt; an vielen Orten herrscht Mangel an Wasser" (WAGNER 1958: 149), verdeutlicht.

BAUR (2001:4 f.) stellt die Eigenart der geologischen und morphologischen Verhältnisse der Schwäbischen Alb durch ihre Lage zwischen den beiden großen europäischen Fluss-Systemen, der Donau und des Rheins, sowie das Karstproblem, welches zur „Eigenart der Schwäbischen Alb [...] wie bei allen Kalkgebirgen" gehört (BAUR 2001:5), heraus.

Ausgehend von diesen, in den „Gebietschroniken" auffindbaren Erwähnungen, möchten wir die Besonderheiten des Verkarstungsprozesses in der Schwäbischen Alb herausstellen und die in Punkt 4 erläuterten Formausprägungen auf diese spezielle Karstregion übertragen.

Eingegliedert in das schwäbisch- fränkische Schichtstufenland, trägt der Schwäbische Jura mit seiner abwechslungsreichen Gesteinsfolge zur reichen landschaftlichen Gliederung bei. Der Kalkstein der Schwäbischen Alb wurde durch die Prozesse innerhalb des Jura und Trias geprägt (GEYER 1984:114).

Insbesondere wird hierbei das weiße- und schwarze Juragestein als vorherrschende Gesteinstypisierung und der Muschelkalk als vorherrschende Gesteinsform erwähnt (WAGNER 1958:17f.). Der starke Korrosionsprozess dieser Jurakalksteine lässt sich zum einerseits durch das Vorhandensein komplexer Flussverzweigungen zwischen dem Flussgebieten Rhein/ Neckar und der Donau (GEYER 1984:2) und andererseits durch die Versickerung Regenwassers in ausgeprägten Rissen und Spalten im Gestein, erklären (BAUR 2001:5).

Im Allgemeinen spielt die Betrachtung des hydrologischen Hintergrundes bezüglich der Verkarstung in der Schwäbischen Alb eine besondere Rolle, da wir ein Gebiet zahlreicher Karstquellen und plötzlichen Versickerungsstellen der oberflächlichen Wasserführung betrachten (GEYER 1984:132).

6.1.1 Karstformenschatz

Die Entstehung der benannten Karstquellen ist nach KOEHLER (1995:5) auf die Versickerung großer Niederschläge oder Flussverzweigungen in den klüftigen Untergrund zurückzuführen, in welchem zunächst schnelle unterirdische Transportprozesse (siehe 3. Karsthydrologie) und schlussendlich ein Zutage treten des verschwundenen Wassers als Quelle erfolgt. Dabei unterscheidet man zwischen kleinen, mittleren und großen Karstwasserquellen.

Ein konkretes Beispiel für eine solche Karstwasserquelle lässt sich am „Blautopf", der größten Karstquelle der Schwäbischen Alb, festmachen. Das Abflussverhalten der Blau ist wiederum genau von dieser Karstquelle abhängig.

Abb. 9: Blautopf (www.arge-grabenstetten.de)

Die Karstquellen werden in „Seichte" und „Tiefe" Karstquellen unterteilt. Seichte Karstquellen sind Schicht-oder Überlaufquellen, die durch Ausstreichen der Sohlschicht Übertage, wie der in Abbildung 5 dargestellte Blautopf, entstehen. Tiefe Karstquellen lassen sich darüber hinaus in „offene" und „überdeckte" Zonen einteilen, in welchen die Sohlschicht nicht über Tage ausstreicht (GEYER 1984:132).

Neben den zahlreichen Versickerungsstellen und Karstquellen sind in der Schwäbischen Alb vor allem Höhlenerscheinungen, die entweder als Schichthöhle (Falkensteiner Höhle bei Urach) oder Klufthöhlen (Laichinger Höhle) auftreten (GEYER 1984:134).

Anhand des „Längentals" in Urach ist das Auftreten von Karstsenken nachvollziehbar.

Abb. 8: Längental Urach (www.albtips.de)

Als Karstsenken werden große, meist flache Karstwanne bezeichnet, welche zu den erosiv - vorgebildeten Hohlformen zählen lassen und ihren Ursprung in Trockentalabschnitten wiederfinden.

Die Trockentäler der Schwäbischen Alb, wie das Lonetal, basieren auf trockengelegten Flächen, begründet durch die Tieferlegung des Karstwasserspiegels im Zuge von Erosionsprozessen des Pleistozäns (GEYER 1984:134).

Die Begriffe Karstwanne, Karsttrichter, Karstschlotte und Karstgasse implizieren die Dolinenformen der Schwäbischen Alb. Besonders erwähnenswert erscheint hierbei das häufige Auftreten von Ponoren (Schlucklöchern). Aus LESER (2009:318) ist zu entnehmen, dass diese „Schlucklöcher" je nach Größe unterschiedliche Mengen an Wasser von Sickerwasser und Bächen bis zu Flüssen aufnehmen können und in den Verkarstungsprozess im Untergrund einfließen lassen.

6.1.2 Nutzung und Nachhaltigkeit

Der erstellte Überblick über den Formenschatz der Albregion lässt die Frage der auftretenden Problematik bezüglich anthropogenen Verhaltens, sowie Nutzungs– und Bedeutungsgehalt dieser Region zu.

Schon aus historischen Berichten geht hervor, dass die Wasserversorgung über das gesamte Gebiet der Schwäbischen Alb stark differenzierten Charakter aufzeigte. Während große Flächen durch die Bildung von Trockentäler und Dolinen einen vollkommenen Wasserausschluss erlangten und die Einwirkung von Ponoren und Versickerungsquellen die Wassersuche als vergebens gestaltete, traten in einer Entfernung von 50 Kilometern ertragsreiche Tiefenkarstquellen hervor, welche allerdings durch ihren Formcharakter die Nutzbarkeit erschwerten (WAGNER 1958:195).

In der Region um Egau herum, treten Überlaufquellen in einer solch hohen Intensität hervor, dass eine permanente Hochwassergefahr für umliegende Gebiete gegeben ist. Deshalb wurde ein Stausee mit Hochwasser- Rückhaltebecken angelegt, welcher die gefährdeten Regionen in starken Niederschlagsperioden vor Überschwemmungen des übertretenden Buchbrunnens schützt und außerdem dem „trockenen", weiter entfernteren Siedlungsgebiet eine Wasserversorgung garantiert. Dies führt zur Regulation der Karstwasserproblematik.

Ein weiterer bedeutsamer Aspekt ist die touristische Erschließung der Schwäbischen Alb, welche PFEFFER (1990:25) warnend überdenkt.

So bildet die Karstlandschaft beispielsweise eine zentrale Anlaufstelle für den Klettertourismus. Gegenmaßnahmen zu der einhergehenden Landschaftsschädigung spiegeln sich in den Errichtungen von Naturschutzgebieten oder der Aufnahme ganzer Naturschutzprogramme, wie der „Natura 2000" [Bundesamt für Naturschutz: >https://www.bfn.de/0316_natura2000.html< (01.06.15)] wieder.

6.2 Gipskarstlandschaften Südharz

Um ein möglichst umfangreiches Bild der zahlreichen deutschen Karstlandschaften zu erzeugen, sollten spezielle Karstderivatsgebiete, die dem „Pseudo" – oder „Halbkarst" zuzuordnen sind, in die Betrachtung einbezogen werden.

Bisher zielten unsere Ausführungen ausschließlich auf die Verkarstung von Karbonaten ab. Jedoch ist zu beachten, dass die Sulfate und Halite den Bereich der verkarstungsfähigen Gesteine erweitern.

Während Dolomitgestein eine Sonderform der Karbonate darstellt und somit in der Literatur als „Halbkarst" bezeichnet wird, zeichnet sich, das zu den Sulfaten gehörende Gipsgestein, als „Pseudokarst" ab (LESER 2009:314).

Dieser zeigt aufgrund seiner stärkeren Lösungsfähigkeit im Vergleich zu Kalkstein zum einen stärker ausgeprägte Karstformen aus. Jedoch führt die geringere oberflächliche Gipsverbreitung nach LESER (2009:314) auch zu einer Bedeutungsverminderung des Gipskarstes im Vergleich zum Kalkkarst.

6.2.1 Besonderheiten der Karstgenese im Südharz

Die Verkarstung des Harzplateaus im Landkreis Sangerhausen, erfolgt nach VÖLKER et. all (19997:9) durch die Entwässerung des Gebietes von vielen verschiedenen Flüssen, wie der Bode, Wipper Nasse oder Gonna nach Süden hin. Am Rande der paläozoischen Ablagerung berührt das Wasser die lösungsfähigen Gesteine des Zechsteins. Somit werden Salze und Sulfatgesteine seit Jahrtausenden angegriffen und aufgelöst.
Der chemische Hintergrund stellt also die Verwitterung des Gipsgesteins dar.

6.2.2 Das Karstinventar des Südharzes

Die reaktionsfreudige Auflösung des Gipsgesteins lässt nach VÖLKER et. al (1997:12) typische Landschaftsformen entstehen.
Wir finden grundsätzlich all die Karstformen wieder, die wir auch im Kalkstein betrachtet haben.
Allerdings beansprucht die Entstehung von Erdfällen, Dolinen und Höhlen nur wenige Wochen, wie beispielsweise die Entstehung eines 20 Meter tiefen Korrosionsschachtes bei Tilleda (VÖLKER et. al. 1997:12)
Die auftretenden Karsterscheinungen im Karstgebiet Südharz sind Erdfälle, Dolinen, Ponoren, Karstquellen, Abrissspalten, Höhlen und Uvalas, dabei stellt das Auslaugungstal die größte zusammenhängende Karsterscheinungen des Südharzkarstes nach VÖLKER at. al (1997:12) dar.
Des weiteren sind regionale Sehenswürdigkeiten wie die Heimkehle bei Uftrungen, als größte Schauhöhle der Karstlandschaft Südharz, sowie der Bauerngraben, als episodischer, durch Bachschwinden und Ponoren geprägter See bei Roßla, Produkte dieses Verkarstungsprozesses.

6.2.3 Gefährdungen des Gipskarstgebietes

Wie durch KNOLLE (1991:9) dargestellt, sind Natur, Landschaft und Erholungseignung des einzigartigen Gipskarstgebietes Südharz durch den Gipsabbau mit Ziel der Rohstoffgewinnung gefährdet. Das als Biosphärenreservat geltende Karstgebiet wird also, wie auch das Biosphärenreservat der Schwäbischen Alb, durch vielfältige anthropologische Ausnutzung beeinflusst.

Um so mehr muss sich das Ziel manifestieren, die Erhaltung und Entwicklung der gesamten Südharz - und Kyffhäuserlandschaft, einschließlich prägender Gipsmassive und Karsterscheinungen, anzustreben und den Gipsabbau, wie er durch die Firma Knauf Gips KG in Uftrungen betrieben wird, einzudämmen (KNOLLE 1991:9).

7 Zusammenfassung

Voraussetzung für die Bildung von Karstgebieten sind Gebiete mit einem großen Wasserangebot, sowie lösungsfähige, wasserdurchlässige Gesteine. Die wichtigsten verkarstungsfähigen Gesteine stellen Karbonatgesteine dar. Wenn diese Bedingungen gegeben sind, kann das Bodenmaterial durch das im Wasser gelöste Kohlenstoffdioxid und der daraus entstehenden Kohlensäure mit Hilfe der Kohlensäureverwitterung angegriffen werden. Dieser Prozess bildet die chemische Grundlage aller Karsterscheinungen.

Karstregionen weißen keinerlei oberirdischen Abfluss auf. Durch ihre hohe Wasserwegsamkeit, das heißt die große Wasserdurchlässigkeit der Gesteinsporen, versickert das Wasser in Karstregionen vollständig in den Untergrund. Dort sammelt es sich in unterirdischen Flüssen und tritt außerhalb der Karstlandschaft als Quelle wieder hervor. Die Erscheinungsformen von Karst können zunächst grob in oberirdische und unterirdische Ausbildungen gegliedert werden. Zu den in Deutschland auffindbaren oberirdischen Formen zählen Dolinen, Karren, Poljen und Trockentäler wie zum Beispiel in der Schwäbischen Alb. Höhlen, als Ergebnis von Lösungsprozessen im Erdinneren, zählen zu den unterirdischen Erscheinungsbildern von Karstregionen.

8 Fazit

Karstregionen mit ihren vielfältigen Erscheinungsbildern stellen einen wichtigen Teil der deutschen Landschaftsformen dar. Die darin lebenden Menschen haben sich über die Jahre mit den Gegebenheiten arrangiert und gelernt sie für sich zu nutzen. Die touristische Erschließung ist ein wichtiger Wirtschaftsfaktor für die jeweilige Region, muss sich jedoch kritische Fragen hinsichtlich der durch die Nutzung auftretenden Schädigungen der Landschaft gefallen lassen. Eine nachhaltige Bewirtschaftung der Karstgebiete sollte im Interesse aller sein um diese Naturphänomene langfristig zu schützen und damit zu garantieren, dass ihre Bewohner sie noch lange in und von ihnen leben können.

Literaturverzeichnis

AHNERT, F. (2003[3]): Einführung in die Geomorphologie. Stuttgart: Verlag Eugen Ulmer.

AHNERT, F. (1996): Einführung in die Geomorphologie. Stuttgart: Verlag Eugen Ulmer.

BAUER, W. (2001): Die Schwäbische Alb. Bilder einer Landschaft. Tübingen: Bild-Verlag- Druckerei.

BAUMHAUER, R. (2013[3]): Physische Geographie 1. Geomorphologie. Darmstadt: Wissenschaftliche Buchgesellschaft.

BRUNOTTE, E., H. GEBHARDT, M. MEURER, P. MEUSBURGER & J. NIPPER (Hrsg.) (2001): Geographie in vier Bänden. Gast bis ökol, Band 2. Berlin: Spektrum Akademischer Verlag.

DABER, R. & H. HAUBOLD (Hrsg.) (1989): Fachlexikon abc. Fossilien, Mineralien und geologische Begriffe. Frankfurt/Main: Harri Deutsch.

GEYER, O.& M. GWINNER (1984[3]): Die Schwäbische Alb und ihr Vorland. Berlin, Stuttgart: Gebrüder Borntraeger.

GOUDIE, A. (2007[4]): Physische Geografie. Eine Einführung. München: Spektrum Akademischer Verlag.

HENDL, M. & H. LIEDTKE (2002[3]): Lehrbuch der Allgemeinen Physischen Geographie. Gotha: Justus Perthes.

HOLLEMANN, W. (2007): Lehrbuch der anorganischen Chemie. Berlin: De Gruyter.

LESER, H. (2000): Geomorphologie. Braunschweig: Westermann Druck GmbH.

LESER, H. (2009): Geomorphologie. Braunschweig: Westermann Druck GmbH.

LOUIS, H. (1959): Allgemeine Geomorphologie. Berlin: De Gruyter.

KOEHLER, G. (1995): Ermittlung maßgebender Hochwasserereignisse in karstgebieten am Beispiel des Egau - Gebietes (Schwäbische Alb).Kaiserslautern: Fachgebiet Wasserbau Und Wasserwirtschaft Universität Kaiserslautern.

PFEFFER, K.H. (1990): Süddeutsche Karstökosysteme. Beiträge zu Grundlagen und praxisorientierten Fragestellungen. Tübingen: Selbstverlag des Geographischen Institutes der Universität Tübingen.

PFEFFER, K.H. (2010): Karst: Entstehung – Phänomene – Nutzung: Mit 54 Tabellen. Stuttgart: Borntraeger.

PLAN, L. (2007): Karst und Karsthöhlen. Speläo-Merkblätter, C2a,<http://hoehle.org/ downloads/merkblaetter/einzeln/C2%20Karst%20und%20Karsthoehlen.pdf> (Stand: 2007) (Zugriff: 10.05.15).

VÖLKER, R., EGERSDÖRFER, M., PEITZSCH, J., BUTTSTEDT, L. (1997): Gipskarst im Landkreis Sangerhausen. Uftrungen: Förderverein Gipskarst Südharz e.V.

WAGNER, G. & P. BADER (1958): Die Schwäbische Alb : Burkhard-Verl. Heyer.

ZEPP, H. (2014[6]): Geomorphologie. Eine Einführung. Paderborn: Verlag Ferdinand Schöningh GmbH.

Abbildungsverzeichnis

Abb. 1: HENDL, M. & H. LIEDTKE (2002³): Lehrbuch der Allgemeinen Physischen
Geographie. Gotha: Justus Perthes.

Abb. 2: ZEPP, H. (2014⁶): Geomorphologie. Eine Einführung. Paderborn: Verlag
Ferdinand Schöningh GmbH.

Abb. 3: PFEFFER, K.H. (1990): Süddeutsche Karstökosysteme. Beiträge zu
Grundlagen und praxisorientierten Fragestellungen. Tübingen:
Selbstverlag des Geographischen Institutes der Universität Tübingen.

Abb. 4: LESER, H. (2009): Geomorphologie. Braunschweig: Westermann Druck
GmbH.

Abb. 5: LESER, H. (2009): Geomorphologie. Braunschweig: Westermann Druck
GmbH.

Abb.6: http://www.lfu.bayern.de/geologie/geotope_schoensten/61/pic/354056_gr.jpg
(Zugriff 01.06.2015)

Abb. 7: PFEFFER, K.H. (2010): Karst: Entstehung – Phänomene – Nutzung: Mit 54
Tabellen. Stuttgart: Borntraeger.

Abb. 8: http://www.albtips.de/wp-content/gallery/20140425-himmel-
hoelle/DSCF1060.jpg (Zugriff 30.05.15)

Abb. 9: http://www.argegrabenstetten.de/www2/wpcontent/uploads/2010/10/blautopf.jpg
(Zugriff 30.05.15)

BEI GRIN MACHT SICH IHR WISSEN BEZAHLT

- Wir veröffentlichen Ihre Hausarbeit, Bachelor- und Masterarbeit

- Ihr eigenes eBook und Buch - weltweit in allen wichtigen Shops

- Verdienen Sie an jedem Verkauf

Jetzt bei www.GRIN.com hochladen und kostenlos publizieren